Monday Adiaha

Guia completo para o processamento e armazenamento de produtos agrícolas

Monday Adiaha

Guia completo para o processamento e armazenamento de produtos agrícolas

ScienciaScripts

Imprint

Any brand names and product names mentioned in this book are subject to trademark, brand or patent protection and are trademarks or registered trademarks of their respective holders. The use of brand names, product names, common names, trade names, product descriptions etc. even without a particular marking in this work is in no way to be construed to mean that such names may be regarded as unrestricted in respect of trademark and brand protection legislation and could thus be used by anyone.

Cover image: www.ingimage.com

This book is a translation from the original published under ISBN 978-620-2-00397-1.

Publisher:
Sciencia Scripts
is a trademark of
Dodo Books Indian Ocean Ltd. and OmniScriptum S.R.L publishing group

120 High Road, East Finchley, London, N2 9ED, United Kingdom
Str. Armeneasca 28/1, office 1, Chisinau MD-2012, Republic of Moldova, Europe
Printed at: see last page
ISBN: 978-620-7-72325-6

Índice:

GUIA COMPLETO PARA A TRANSFORMAÇÃO E ARMAZENAGEM DE PRODUTOS AGRÍCOLAS

M. S. Adiaha

Departamento de Agronomia (Ciências das Culturas e do Solo), Faculdade de Agricultura
e Silvicultura, Universidade de Tecnologia de Cross River, Nigéria
Email: mondaysadiaha@gmail.com

PREÂMBULO

Como parte do esforço para combater a escassez global de alimentos face às alterações climáticas, torna-se imperativa a necessidade de transformar e armazenar as nossas culturas alimentares. A preocupação com o desperdício de alimentos a nível local tem vindo a aumentar, criando o receio de que o nível de fome humana possa aumentar se esta situação não for resolvida. Este livro procura uma forma de preservar as culturas alimentares produzidas localmente, fornecendo um guia prático para métodos de armazenamento que utilizam materiais disponíveis localmente. O texto parece ser apropriado para estudantes, profissionais da agricultura, investigadores e agricultores.

Dr. O. A. Agba

Ag. Chefe de Departamento, Departamento de Agronomia

Faculdade de Agricultura e Silvicultura, Universidade de Tecnologia de Cross River, Campus de Obubra, Nigéria

PREFÁCIO

O surgimento do livro foi informado pela necessidade de preencher a lacuna entre a produção e a preservação de alimentos em áreas rurais com baixa tecnologia e renda. Especificamente, o livro destina-se a utilizadores dentro e fora da escola. Os temas tratados nos vários capítulos abrangem todos os principais aspectos da transformação/armazenamento de produtos agrícolas.

Obio, E. E (doutoramento em vista)
Dr. O. A. Agba

Departamento de Agronomia
Faculdade de Agricultura e Silvicultura, Universidade de Tecnologia de Cross River, Campus de Obubra, Nigéria

RESUMO

Na luta contra a crise alimentar mundial, a transformação e o armazenamento de produtos agrícolas desempenham um papel importante na preservação de alimentos para consumo humano e animal para a sobrevivência contínua do homem. Através do desenvolvimento de instalações de armazenamento modernas, a conservação das culturas alimentares torna-se fácil e simples de seguir. O arroz e o óleo de palma são alguns dos produtos agrícolas seleccionados que serão tidos em consideração no decurso deste trabalho. O estudo foi realizado na área governamental local de Obubra, no Estado de Cross River, na Nigéria. As experiências de armazenamento foram efectuadas na casa de telas polivalente da Faculdade de Agricultura e Florestas. O estudo foi realizado com o objetivo de analisar os processos de transformação e encontrar possíveis soluções para os problemas que os agricultores e os operadores de máquinas agrícolas enfrentam no sector agrícola. Observou-se que o baixo nível de mecanização era elevado nas áreas visitadas durante o período desta investigação.

Palavras-chave: Armazenamento agrícola; Segurança alimentar; Processamento de produtos, Mecanização

Capítulo 1

INTRODUÇÃO

Considerando os desafios do aumento da população humana, o baixo rendimento devido ao ataque de pragas e doenças às culturas cultivadas e o baixo nível de actividades agrícolas mecanizadas. A transformação e o armazenamento de produtos, para satisfazer estas necessidades, assumem então uma importância crucial. Se processarmos e armazenarmos as nossas colheitas alimentares, tornamo-las mais duráveis, atractivas e acrescentamos-lhes valor, o que pode contribuir muito para atenuar a insegurança alimentar global. Os produtos e subprodutos agrícolas são uma procura essencial e um meio de sobrevivência para as indústrias de base agrícola do mundo, uma vez que desempenham um papel importante em quase todos os aspectos da vida. As matérias-primas não transformadas são matérias-primas para as indústrias intermédias, sendo os alimentos/consumíveis transformados o produto final. A utilização de energia na agricultura e na transformação de alimentos é elevada; por conseguinte, a mecanização é essencial para reduzir o nível de trabalho pesado, especialmente nas fábricas e moinhos de transformação locais. O processamento de arroz e de óleo de palma será discutido em pormenor no decurso do inquérito.

Finalidades/objectivos do inquérito

> Este inquérito visa promover uma gestão agrícola sustentável para o desenvolvimento económico.
> Procura apoiar a transformação local de alimentos, além de melhorar o conhecimento local sobre mecanização agrícola.
> O inquérito procura contribuir para a segurança alimentar, uma vez que o desperdício e a deterioração dos alimentos podem ser reduzidos através da transformação.
> Tendo em conta a quantidade de alimentos produzidos anualmente, este inquérito sobre a transformação ajudará a conservar e a reorganizar todos os produtos agrícolas, contribuindo simultaneamente para o desenvolvimento e a promoção das actividades agrícolas.

> Se uma maior percentagem dos nossos produtos agrícolas for transformada, a importação de muitos outros alimentos transformados estrangeiros será minimizada.
> Uma vez que as alterações climáticas são um dos maiores desafios para a nossa produção de culturas alimentares, a transformação ajudará na adaptação e mitigação, criando novas formas de gerir adequadamente as nossas culturas alimentares.
> O inquérito pode ajudar a esclarecer ou alargar o âmbito dos conhecimentos dos estudantes sobre os produtos agrícolas, dando possíveis recomendações e conselhos práticos aos estudantes, agricultores e operadores de máquinas agrícolas.
> Através deste inquérito, um estudante pode obter um conhecimento prático ideal das diferentes formas de preservação e das suas vantagens e desvantagens aplicadas na vida real.

MATERIAIS E MÉTODOS

O local de estudo

"O estudo foi efectuado em Obubra, no sul da Nigéria, onde se situa a Faculdade de Agricultura e Silvicultura da Universidade de Tecnologia de Cross River (CRUTECH), Nigéria. Obubra situa-se na latitude 6° 06' N e na longitude 8° 18' E na zona de floresta tropical da Nigéria. Obubra caracteriza-se por uma distribuição média anual da precipitação de 2250 mm - 2500 mm com uma amplitude térmica anual de 25° C - 27° C" (Adiaha, 2017).

Metodologia do inquérito

Foi efectuada uma entrevista oral sobre a utilização de máquinas agrícolas. Foi efectuada uma visita de estudo a diferentes zonas onde os produtos agrícolas são transformados. Foi feita uma avaliação prática da formação académica dos trabalhadores da transformação de produtos agrícolas, do ambiente de trabalho e dos desafios da unidade de transformação agrícola. A consulta da literatura sobre os resultados de investigações relevantes foi o método utilizado para a recolha e a compilação de dados para esta investigação.

TRANSFORMAÇÃO AGRÍCOLA

Produto agrícola

Na agricultura, o produto refere-se a produtos agrícolas transformados que foram transformados em bens finais para consumo humano/animal ou para utilizações industriais.

Processamento

A transformação na agricultura implica a manipulação biológica, física, mecânica e bioquímica dos produtos agrícolas, a fim de os preservar para utilização posterior. Trata-se de uma série de operações destinadas a transformar os produtos agrícolas num produto acabado para o consumidor. Por exemplo, o garri.

A transformação agrícola implica a manipulação científica e tradicional dos produtos agrícolas, a fim de os tornar mais úteis e de os poder armazenar para utilizações futuras.

Técnicas de processamento

Estas são algumas das diferentes técnicas de transformação envolvidas na transformação de produtos agrícolas. Aqui, são utilizadas diferentes máquinas no processamento, por exemplo, moinho de martelos, moinho de rolos e moinho de furos.

> **O moinho de martelos**

Esta é uma máquina utilizada no processamento de produtos agrícolas secos. O moinho de martelos é composto por um martelo e um rolo com roldanas. Os blocos contêm os harmónicos. Quando o martelo roda, o bloco roda também e o produto é moído pela pressão do martelo. É utilizado para moer culturas cujo teor de humidade é reduzido, por exemplo, o arroz.

> **Moinho de furos**

Tem duas placas; placas ásperas e lisas, fechadas dentro da estrutura, na tremonha, por exemplo, é o moinho de melão. A superfície é fechada numa estrutura. O sem-fim empurra o produto para o ponto de recolha. É utilizado para processar materiais agrícolas húmidos, oleosos e secos.

 <u>Moinho de rolos</u>

Consiste em dois rolos de forma cilíndrica, ligados a uma polia ou bainha entre os rolos. Existe espaço entre os dois cilindros para que, quando rodam, girem em duas direcções e fundam o produto em pequenas partículas.

Porque transformamos as nossas culturas alimentares

❖ A transformação ajuda a disponibilizar alimentos mesmo durante a época baixa.

❖ Quando os alimentos são transformados, têm um sabor e um aspeto muito atraentes

❖ A transformação contribui para a durabilidade dos produtos alimentares - quando os produtos alimentares são transformados, como no caso da desidratação de uma cultura alimentar, os microrganismos estão ausentes, evitando assim a sua deterioração.

❖ A transformação acrescenta valor aos produtos agrícolas.

❖ A transformação ajuda a produzir rendimentos para os indivíduos e divisas para um país

❖ Cria espaço para a agricultura comercial, promovendo assim as actividades agrícolas.

❖ Se conseguirmos processar regularmente as nossas colheitas de alimentos, teremos mais alimentos na nossa reserva alimentar, o que constitui uma ajuda para a adaptação e a atenuação das alterações climáticas.

❖ A transformação fornece matérias-primas para estudos posteriores e para utilizações industriais.

❖ Através da transformação são produzidos alguns materiais (subprodutos) que podem ser utilizados para a formulação de alimentos para animais.

❖ A ciência do processamento pode ajudar nos medicamentos e fins medicinais

❖ A transformação de produtos agrícolas proporciona rendimentos a um agricultor e melhora o seu nível de vida

❖ Quando um país transforma as suas culturas alimentares, a exportação é elevada, melhorando assim as suas receitas em divisas

❖ A transformação proporciona emprego aos indivíduos e às massas

❖ Através da transformação agrícola de culturas como a cana-de-açúcar, produz-se biocombustível e energia que é utilizada para a produção de energia agrícola ou industrial.

❖ Se uma fábrica de transformação se situar numa zona rural, cria desenvolvimento nessa zona rural.

Capítulo 2

ARMAZENAGEM AGRÍCOLA

Armazenamento: É o ato de guardar a quantidade e a qualidade de um material agrícola de modo a evitar a sua deterioração durante um período de tempo específico para além do seu prazo de validade normal.

Armazenagem agrícola: é qualquer depósito ou detenção de produtos agrícolas, fertilizantes, cereais, alimentos para animais e outros fornecimentos conexos em instalações ou contentores, frequentemente para evitar a contaminação ou para os períodos em que a produção não pode satisfazer a procura. Trata-se de uma importante função de comercialização que envolve a detenção e o processamento de bens desde o momento em que são produzidos até ao momento em que são necessários para consumo.

Quadro 1.1. produtos e respectivos produtos

S/N	PRODUZIR/ RAW MATERIAL	PRODUTOS	PRESER VA ÇÃ O/ESTORA GE M MÉTODO
1.	Óleo de palma	Óleo vermelho, óleo de amêndoa, sabão, creme para o corpo, detergente, margarina, etc.	O produto é conservado num contentor para venda/armazenado num armazém ou num silo para utilização posterior
2.	Mandioca	Garri, bolo de mandioca, amido, etc.	O grão de bico é ensacado e solado, o bolo de mandioca pode ser embalado numa saqueta, a fécula também é embalada numa saqueta quando desidratada.
3.	Arroz	Arroz enlatado, alimentos para animais, cervejas e alguns alimentos para bebés.	O arroz pode ser enlatado ou ensacado, os alimentos para animais são ensacados após a formulação. Os alimentos para bebés são enlatados. Estes produtos podem ser armazenados num armazém.

4.	Grão de cacau	Bebidas, bebidas, manteiga, licor, chocolate, etc.	As bebidas são engarrafadas, a manteiga é colocada numa lata, o chocolate é colocado numa saqueta. Tudo isto é armazenado num Silo/armazém
5.	Borracha/látex	O quarto de Bart usa pneus, câmaras de ar, solas de sapatos, botas, etc.	Armazém
6.	Couros e peles	Espumas, tambores, sapato, cinto, sacos, tampas, panos	armazém
7.	Produtos hortícolas (por exemplo, melancia, pepino, quiabo, etc.)	Gotejamento de nutrientes, bebidas ou consumidos frescos	São enlatados e armazenados num armazém. O gotejamento de nutrientes vem em saquetas.

Fonte: Inquérito Análise de campo por entrevista oral; literatura de investigação

Classificação do armazenamento

O armazenamento pode ser classificado em:

> Duração da armazenagem
> Dimensão ou escala da armazenagem
> Princípio da armazenagem

Duração do armazenamento

Trata-se de um intervalo de tempo utilizado para conservar os materiais agrícolas para utilização posterior em caso de necessidade.

> **Armazenagem a curto prazo -** Trata-se de armazenar um produto agrícola durante um curto período de tempo, por exemplo, o garri.

> **Armazenagem a médio prazo - este** tipo de armazenagem envolve a armazenagem de um produto agrícola durante um período de tempo específico não muito longo.

> **Armazenamento a longo prazo -** no armazenamento a longo prazo, os materiais agrícolas são conservados durante mais tempo.

Tamanho ou escala do armazenamento

A dimensão da armazenagem é a quantidade de materiais agrícolas conservados num determinado momento.

> **Armazenagem em pequena escala -** Este método envolve a armazenagem de produtos agrícolas de pequena escala, por exemplo, a armazenagem de uma pequena quantidade de arroz num saco de juta num armazém.

> **Armazenagem de média escala -** Este é um tipo de armazenagem que envolve uma certa quantidade de produtos agrícolas armazenados de cada vez.

> **Armazenagem em grande escala -** Trata-se da armazenagem comercial de produtos agrícolas para utilização posterior.

Princípio da armazenagem

O princípio da armazenagem divide-se em :

- Armazenamento físico
- Armazenamento de produtos químicos
- Armazenagem biológica

Capítulo 3

FACTORES RESPONSÁVEIS PELA DETERIORAÇÃO DURANTE A ARMAZENAGEM

Estes factores devem ser conhecidos e combatidos na conceção das nossas estruturas de armazenagem.

1. **Bactérias, fungos e leveduras**:

Trata-se de micróbios que vivem normalmente no marcial agrícola e que causam a destruição dos produtos agrícolas, pelo que é necessário travar a sua ação para que os nossos produtos sejam seguros.

2. **Insectos e ratos** :

Na conceção e construção de estruturas de armazenamento, é necessário conceber e orientar contra isso.

3. **Roedores.**
4. **Aves.**
5. **Homem.**

6. **Factores ambientais**:

Os factores ambientais, como a humidade e a temperatura, devem ser tidos em conta na conceção das nossas estruturas de armazenamento.

APLICAÇÃO PRÁTICA DAS TÉCNICAS DE ARMAZENAGEM NAS NOSSAS CULTURAS ALIMENTARES

> **Congeladores e descongelação de alimentos**

A temperatura do congelador deve ser mantida abaixo de 0°F. Os alimentos nunca devem ser descongelados à temperatura ambiente, o que aumenta o risco de crescimento de bactérias e fungos e, consequentemente, o risco de intoxicação alimentar. Uma vez descongelados, os alimentos devem ser utilizados e nunca voltar a ser congelados. Os alimentos congelados devem ser descongelados utilizando os seguintes métodos:

- Forno micro-ondas
- Durante a cozedura
- Em água fria (colocar os alimentos num saco de plástico estanque; mudar a água de 30 em 30 minutos)
- No frigorífico

Deite fora os alimentos que tenham estado a uma temperatura superior a 40 °F durante mais de 2 horas. Se houver qualquer dúvida sobre o período de tempo em que os alimentos foram descongelados à temperatura ambiente, devem ser deitados fora. A congelação não destrói os micróbios presentes nos alimentos. A congelação a 0 °F inativa os micróbios (bactérias, leveduras e bolores). No entanto, quando os alimentos são descongelados, estes micróbios podem voltar a estar activos. Os micróbios nos alimentos descongelados podem multiplicar-se a níveis que podem levar a doenças de origem alimentar. Os alimentos descongelados devem ser manuseados de acordo com as mesmas directrizes que os alimentos frescos perecíveis.

Os alimentos congelados a uma temperatura igual ou inferior a 0°F são conservados indefinidamente. No entanto, a qualidade dos alimentos deteriora-se se forem congelados durante um longo período de tempo.

> **Refrigeração**

É importante notar que o armazenamento seguro de alimentos utilizando a refrigeração requer o cumprimento das directrizes de temperatura:

Por razões de segurança, é importante verificar a temperatura do frigorífico. Os frigoríficos devem ser regulados para manter uma temperatura de 40 °F ou inferior. Alguns frigoríficos têm termómetros incorporados para medir a sua temperatura interna. Para os frigoríficos sem esta função, mantenha um termómetro no frigorífico para monitorizar a temperatura. Isto pode ser fundamental em caso de falta de eletricidade. Quando a energia voltar, se o frigorífico ainda estiver a 40 °F, os alimentos estão seguros. Os alimentos mantidos a temperaturas superiores a 40 °F durante mais de 2 horas não devem ser consumidos. Os termómetros dos electrodomésticos são concebidos especificamente para fornecerem precisão a temperaturas frias. Certifique-se de que as portas do frigorífico/congelador estão sempre bem fechadas. Não abra as portas do frigorífico/congelador mais vezes do que o necessário e feche-as logo que possível.

> **Armazenamento de óleos e gorduras**

Os óleos e as gorduras podem começar a ficar rançosos rapidamente quando não são armazenados de forma segura. Muitas vezes, os óleos e as gorduras alimentares rançosos só cheiram a ranço muito depois de se terem estragado. O oxigénio, a luz e o calor contribuem todos para que os óleos alimentares fiquem rançosos. Quanto maior for o nível de gordura polinsaturada que um óleo contém, mais rapidamente se estraga. A percentagem de gordura polinsaturada em alguns óleos alimentares comuns é a seguinte: cártamo (74%); girassol (66%); milho (60%); soja (37%); amendoim (32%); canola (29%); azeitona (8%).

Para ajudar a preservar os óleos da rancidificação, estes devem ser refrigerados depois de abertos. Os óleos alimentares abertos e refrigerados devem ser utilizados no prazo de algumas semanas, altura em que alguns tipos começam a ficar rançosos. Os óleos não abertos podem ter um prazo de conservação de até um ano, mas alguns tipos têm um prazo de conservação mais curto mesmo quando não abertos (como o de sésamo e o de linhaça).

ARMAZENAGEM A SECO DE ALIMENTOS

Algumas culturas alimentares são armazenadas por métodos de armazenagem a seco. Estas culturas incluem:

> **Legumes**

As directrizes variam no que diz respeito à conservação segura dos produtos hortícolas em condições secas (sem refrigeração ou congelação). Isto deve-se ao facto de os diferentes legumes terem características diferentes, por exemplo, os tomates contêm muita água, enquanto os legumes de raiz, como as cenouras e as batatas, contêm menos. Estes factores, e muitos outros, afectam a quantidade de tempo que um legume pode ser mantido em armazenamento seco, bem como a temperatura necessária para preservar a sua utilidade. A seguinte diretriz mostra as condições necessárias para a armazenagem a seco:

- Arrefecer e secar: cebola
- Fresco e húmido: raízes, batata, couve
- Quente e seco: abóbora de inverno, abóbora, batata-doce, pimentos secos

Muitas culturas desenvolveram formas inovadoras de conservar os legumes para que possam ser armazenados durante vários meses entre as épocas de colheita. As técnicas incluem a decapagem, o enlatamento caseiro, a desidratação de alimentos ou o armazenamento numa cave de raízes.

> **Grãos**

Os cereais, que incluem ingredientes secos de cozinha como a farinha, o arroz, o painço, o cuscuz, a farinha de milho, etc., podem ser armazenados em recipientes rígidos selados para evitar a contaminação por humidade ou a infestação por insectos ou roedores. Para uso na cozinha, os recipientes de vidro são o método mais tradicional. Durante o século XX, foram introduzidos recipientes de plástico para uso na cozinha. Atualmente, são vendidos numa grande variedade de tamanhos e desenhos.

Utilizam-se latas de metal (no armazenamento prático de cereais mais pequeno utilizam-se latas de metal fechadas nº 10). O armazenamento em sacos de cereais é ineficaz; o bolor e as pragas destroem um saco de pano de 25 kg de cereais num ano, mesmo se for armazenado fora do solo numa área seca. No chão ou em betão húmido, os cereais podem estragar-se em apenas três dias e podem ter que ser secos antes de poderem ser moídos. Os alimentos armazenados em condições inadequadas não devem ser comprados ou utilizados devido ao risco de se estragarem. Para testar se o grão ainda está bom, pode ser germinado. Se brotarem, ainda estão bons, mas se não brotarem, não devem ser consumidos. - Pode demorar até uma semana para que os grãos germinem. Em caso de dúvida sobre a segurança dos alimentos, deite-os fora o mais rapidamente possível.

> **Especiarias e ervas aromáticas**

Hoje em dia, as especiarias e as ervas aromáticas são frequentemente vendidas pré-embaladas de forma a serem convenientemente armazenadas na despensa. A embalagem tem o duplo objetivo de armazenar e distribuir as especiarias ou ervas aromáticas. São vendidas em pequenos recipientes de vidro ou de plástico ou em embalagens de plástico que podem ser fechadas novamente. Quando as especiarias ou ervas aromáticas são cultivadas em casa ou compradas a granel, podem ser armazenadas em casa em recipientes de vidro ou de plástico. Podem ser armazenadas durante longos períodos de tempo, em alguns casos durante anos. Contudo, após 6 meses a um ano, as especiarias e as ervas aromáticas perdem gradualmente o seu sabor, uma vez que os óleos que contêm se evaporam lentamente durante o armazenamento.

As especiarias e as ervas aromáticas podem ser conservadas em vinagre durante curtos períodos de tempo, até um mês, criando um vinagre aromatizado.

Os métodos alternativos para conservar as ervas incluem a congelação em água ou em manteiga sem sal. As ervas podem ser cortadas e adicionadas à água num tabuleiro de cubos de gelo. Depois de congelados, os cubos de gelo são esvaziados para um saco de plástico para congelador para serem guardados no congelador. As ervas também podem ser misturadas numa tigela com manteiga sem sal, depois espalhadas em papel encerado e enroladas em forma de cilindro. O rolo de papel encerado que contém a manteiga e as ervas aromáticas é depois guardado no congelador e pode ser cortado na quantidade desejada para cozinhar. Utilizando qualquer uma destas técnicas, as ervas devem ser utilizadas no prazo de um ano.

> **Carne**

A carne não conservada tem um tempo de vida relativamente curto em armazém. As carnes perecíveis devem ser refrigeradas, congeladas, secas rapidamente ou curadas. O armazenamento de carnes frescas é uma disciplina complexa que afecta os custos, o tempo de armazenamento e a qualidade alimentar da carne, e as técnicas apropriadas variam com o tipo de carne e os requisitos específicos. Por exemplo, as técnicas de envelhecimento a seco são por vezes utilizadas para amaciar carnes gourmet, pendurando-as em ambientes cuidadosamente controlados até 21 dias, enquanto os animais de caça de vários tipos podem ser pendurados após o abate. Os pormenores dependem dos gostos pessoais e das tradições locais. As técnicas modernas de preparação de carne para armazenamento variam consoante o tipo de carne e os requisitos especiais de maciez, sabor, higiene e economia.

As carnes semi-secas, como os salames e os presuntos, são primeiro processadas com sal, fumo, açúcar, ácido ou outras "curas" e, em seguida, penduradas em armazém seco e fresco durante longos períodos, por vezes superiores a um ano. Alguns dos materiais adicionados durante a cura das carnes servem para reduzir os riscos de intoxicação alimentar por bactérias anaeróbias, como as espécies de Clostridium que libertam a toxina botulínica que pode causar botulismo. Os ingredientes típicos dos agentes de cura que inibem as bactérias anaeróbias incluem nitratos e nitratos. Estes sais são perigosamente venenosos por si só e devem ser adicionados em quantidades cuidadosamente controladas e de acordo com técnicas correctas. No entanto, a sua utilização correcta salvou muitas vidas e muita deterioração de alimentos.

Tal como as carnes semi-secas, a maior parte das carnes salgadas, fumadas e simplesmente secas de diferentes tipos, que outrora eram alimentos básicos em determinadas regiões, são agora, em grande parte, petiscos ou guarnições de luxo; os exemplos incluem o jerky, o biltong e as variedades de pemmican, mas o fiambre e o bacon, por exemplo, continuam a ser alimentos básicos em muitas comunidades.

> **Peixe e marisco**

Não é seguro armazenar peixe ou marisco sem conservação.

> **Rotação dos alimentos**

A rotação dos alimentos é importante para preservar a frescura. Quando se procede à rotação dos alimentos, os alimentos que estão armazenados há mais tempo são utilizados em primeiro lugar. À medida que os alimentos são utilizados, são adicionados novos alimentos à despensa para os substituir; a lógica essencial é utilizar os alimentos mais antigos o mais rapidamente possível, para que nada fique armazenado durante demasiado tempo e se torne inseguro para comer. Rotular os alimentos com etiquetas de papel no recipiente de armazenamento, marcando a data em que o recipiente é armazenado, pode tornar esta prática mais simples. A melhor forma de fazer a rotação dos alimentos armazenados é preparar diariamente refeições com os alimentos armazenados.

ARMAZENAMENTO COMERCIAL DE ALIMENTOS

Armazenamento comercial:

Trata-se da utilização de grandes equipamentos e instalações de armazenagem para o armazenamento de produtos agrícolas para uso humano e industrial. É de grande importância, uma vez que torna os alimentos disponíveis para os consumidores mesmo durante a época baixa.

Fig 1.1. Diagrama do silo: um equipamento de armazenamento comercial, os silos estão ligados a um elevador de cereais numa quinta Fonte: Imagem do Google

ARMAZENAMENTO DE GRÃOS

> Onde podemos armazenar cereais e feijões?

O grão e o feijão são armazenados em grandes elevadores de grão, quase sempre numa estação ferroviária próxima do local de produção. O grão é transportado para o utilizador final em vagões-tremonha. Os grãos podem ser irradiados no ponto de produção para suprimir bolores e insectos. A debulha e a secagem podem ser efectuadas no campo, e o transporte é quase estéril e em grandes contentores que suprimem eficazmente o acesso de pragas, o que elimina a necessidade de irradiação. Em qualquer altura. As frutas e os legumes frescos são por vezes acondicionados em embalagens e copos de plástico para os mercados de produtos frescos de primeira qualidade, ou colocados em grandes recipientes de plástico para os transformadores de molhos e sopas. Os frutos e os produtos hortícolas são geralmente refrigerados o mais cedo possível e, mesmo assim, têm um período de conservação de duas semanas ou menos.

> **Edifício para armazenamento de cereais**

Aspectos a ter em conta para decidir se um determinado edifício é uma boa escolha para armazenar cereais:

Saneamento. Consegue limpar o edifício o suficiente para o armazenamento de cereais? Se o edifício continha anteriormente estrume, produtos químicos agrícolas ou produtos petrolíferos, pode remover completamente estes materiais e os seus odores para que os cereais não sejam fisicamente contaminados ou apanhem odores que resultem numa desclassificação?

Além disso, observe a forma como o edifício é construído e tente **determinar se consegue manter as aves e os roedores afastados dos grãos**. Resistência das paredes. O grão seco exerce uma grande pressão sobre as paredes e, a menos que o edifício tenha sido especificamente concebido para suportar a pressão do grão ou de outro produto granular, terá de ser reforçado. Se o edifício tiver sido concebido e construído por uma empresa de construção agrícola, pode perguntar à empresa se está disponível um "pacote de cereais". Ou pode considerar a possibilidade de contratar um consultor de engenharia para projetar modificações no edifício para si. Uma outra opção seria instalar anteparos independentes no interior do edifício para manter os cereais afastados das paredes. Atualmente, a Extension não dispõe de planos para anteparos do tipo "faça você mesmo", mas alguns empreiteiros locais ou fornecedores de materiais de construção poderão construí-los para si. Alguns agricultores evitam o problema da pressão das paredes comprando anéis metálicos para silos de cereais (sem chão nem teto) e colocando-os no interior do edifício.

Por último, pode aceitar uma capacidade de armazenagem reduzida e colocar os cereais no centro do edifício em pilhas inclinadas que não toquem nas paredes. Capacidade. Quando estiver a tentar decidir se vale a pena utilizar um edifício existente para armazenar cereais, certifique-se de que **calcula quantos alqueires podem ser armazenados**. É dececionante constatar que em alguns edifícios planos podem ser armazenados poucos alqueires, especialmente quando os edifícios têm tectos baixos ou quando os grãos não são empilhados contra as paredes laterais. Para estimar a capacidade, calcule o volume da pilha de grãos planeada em pés cúbicos e depois multiplique por 0,8 alqueires por pé cúbico, ou divida por 1,25 pés cúbicos por alqueire para obter o volume em alqueires.

SECAGEM DE CEREAIS E GESTÃO DA ARMAZENAGEM DE CEREAIS

A capacidade de armazenamento do grão depende da qualidade do grão, do teor de humidade e da temperatura.

O teor de humidade do grão tem de diminuir à medida que a temperatura do grão aumenta para armazenar o grão em segurança. Por exemplo, o tempo de armazenamento permitido para o milho com 22% de humidade é de cerca de 190 dias a 30 graus, 60 dias a 40 graus e apenas 30 dias a 50 graus. Por conseguinte, à medida que a temperatura do grão armazenado aumenta, o teor de humidade do grão tem de diminuir para um armazenamento seguro.

A temperatura dos grãos armazenados aumenta na primavera devido ao aumento das temperaturas exteriores e ao ganho de calor solar no silo. No início da primavera (estação das chuvas), o ganho de calor da energia solar na parede sul de um silo é duas vezes superior ao que se verifica no verão (estação seca).

Os grãos imaturos e os grãos com danos no revestimento da semente são mais propensos a problemas de armazenamento, pelo que devem ser armazenados com um teor de humidade inferior ao normal. Além disso, os grãos armazenados devem ser monitorizados mais de perto para detetar precocemente quaisquer problemas de armazenamento. A temperatura e o teor de humidade dos grãos devem ser verificados de duas em duas semanas durante a primavera e o verão. Os grãos devem também ser examinados para detetar infestações de insectos.

O milho deve ser seco até 13% de humidade para ser armazenado no verão, a fim de evitar a sua deterioração. Os grãos de soja devem ser secos a 11%, o trigo a 13%, a cevada a 12% e o girassol oleaginoso a 8% para a armazenagem de verão.

Verificar o teor de humidade dos grãos armazenados para determinar se precisam de ser secos. Não se esqueça de verificar se o teor de humidade medido pelo medidor foi ajustado para a temperatura do grão. Além disso, lembre-se de que as medições de humidade de grãos a temperaturas inferiores a cerca de 40 graus não são precisas. Verifique a precisão da medição, aquecendo a amostra de grão à temperatura ambiente num saco de plástico selado antes de medir o teor de humidade.

A temperatura dos grãos deve ser mantida fresca durante a primavera e o verão. Durante a primavera, devem-se ligar periodicamente ventoinhas de arejamento para manter a temperatura dos grãos abaixo dos 40 graus.

Os bolores de armazenamento de cereais desenvolver-se-ão e os grãos deteriorar-se-ão nos sacos de cereais, a menos que estes estejam secos. O grão nos sacos estará a temperaturas exteriores médias, pelo que se deteriorará rapidamente à medida que as temperaturas exteriores aumentarem, a menos que esteja com os teores de humidade recomendados para o armazenamento no verão.

O milho com teores de humidade superiores a 20% deve ser seco num secador de alta temperatura, porque existe a possibilidade de os bolores do campo de milho continuarem a crescer com teores de humidade superiores a cerca de 20% quando a temperatura do grão aumenta acima de cerca de 40 graus. Para a secagem ao ar natural, assegure-se de que a taxa de fluxo de ar fornecida pelo ventilador é de pelo menos 1,0 cfm/bu. e que a humidade inicial do milho não excede 20%. Começar a secagem quando a temperatura do ar exterior for, em média, de cerca de 40 graus. Abaixo dessa temperatura, a capacidade de retenção de humidade do ar é tão pequena que ocorre muito pouca secagem. Recomenda-se um caudal de ar de, pelo menos, 1,0 cfm/bu. para secar ao ar natural soja com humidade até 16%. O tempo de secagem esperado com esta taxa de fluxo de ar será de cerca de 50 dias. O tempo de armazenamento permitido para grãos de soja com 18% de humidade é de apenas cerca de 40 dias a 50 graus, pelo que se recomenda um caudal de ar mínimo de 1,5 cfm/bu. para secar ao ar natural grãos de soja com 18% de humidade.

MÉTODO DE ARMAZENAGEM

Seguem-se os diferentes métodos de armazenamento:

a) Melhoria do armazenamento de cereais (para armazenamento em pequena e grande escala)

b) Estrutura de armazenagem subterrânea

c) Estrutura de armazenagem de superfície (armazenagem em sacos e a granel)

d) Armazenagem comercial (silos, aço, silos torre, silos saco, etc.)

e) Armazenagem

f) Losangos, presépios, celeiros e rifas

g) Enlatamento

Estruturas de armazenamento de superfície

Os grãos alimentares numa estrutura à superfície do solo podem ser armazenados de duas (2) maneiras - em sacos ou a granel

> **Armazenamento de sacos**

a) Cada saco contém uma quantidade definida, que pode ser comprada, vendida ou expedida sem dificuldade;

b) Os sacos são mais fáceis de carregar ou descarregar.

c) É mais fácil manter os lotes separados com marcas de identificação nos sacos.

d) Os sacos que são identificados como infestados na inspeção podem ser removidos e tratados facilmente; e

e) O problema da transpiração dos grãos não se coloca porque a superfície do saco está exposta à atmosfera

> **Armazenagem a granel ou a granel**

❖ A superfície periférica exposta por unidade de peso de grão é menor. Consequentemente, o perigo de danos causados por fontes externas é reduzido; e

❖ A infestação de pragas é menor devido ao estado quase hermético das camadas mais profundas.

ESTRUTURAS MELHORADAS DE ARMAZENAGEM DE CEREAIS

Para armazenamento em pequena escala

> **Pau bin**

Trata-se de uma estrutura metálica de ferro galvanizado. A sua capacidade varia entre 1,5 e 15 quintais. Concebida pela Universidade Agrícola de Punjab.

> **Pusa bin**

Trata-se de uma estrutura de armazenamento feita de barro ou de tijolos com uma película de polietileno embutida nas paredes.

> **Hapur tekka**

Trata-se de uma estrutura cilíndrica de tecido emborrachado, suportada por varas de bambu numa base de tubo metálico, com um pequeno orifício no fundo através do qual se pode retirar o grão.

Para armazenamento em grande escala

Capítulo 4

AS ESTRUTURAS DE ARMAZENAGEM SUBTERRÂNEA

Na armazenagem subterrânea, uma parte do solo pode ser escavada e revestida com materiais impermeáveis. Em seguida, é utilizada para armazenar produtos agrícolas. Neste caso, são construídas estruturas semelhantes a um poço com os lados revestidos com estrume de vaca. Podem também ser revestidas com pedras ou areia e cimento. Podem ter uma forma circular ou retangular. A capacidade varia consoante a dimensão da estrutura. A armazenagem subterrânea pode também recorrer a reservatórios subterrâneos.

Vantagens das estruturas de armazenagem subterrâneas

- ❖ Estão mais seguros contra as ameaças de várias fontes externas de danos, como o roubo, a chuva ou o vento.
- ❖ Estes espaços podem ser utilizados temporariamente para outros fins com pequenas adaptações;
- ❖ São mais fáceis de encher devido ao fator gravidade.

> Armazenamento em silos

O silo é uma estrutura para armazenar materiais a granel. Os silos são utilizados na agricultura para armazenar cereais (como nos elevadores de cereais) ou alimentos fermentados conhecidos como silagem. Os silos são mais frequentemente utilizados para o armazenamento a granel de cereais, carvão, cimento, negro de fumo, aparas de madeira, produtos alimentares e serradura. Atualmente, são utilizados três tipos de silos: silos torre, silos bunker e silos saco.

> Utilização de silos de forragem

Colheita de forragem:

A ceifeira contém uma série de facas de corte em forma de tambor que cortam o material vegetal fibroso em pequenos pedaços com um comprimento não superior a uma polegada, para facilitar o sopro mecanizado e o transporte através de sem-fins. O material vegetal finamente cortado é então soprado pela ceifeira para um vagão de forragem que contém um sistema de descarga automática

> Armazenamento CAP (tampa e rodapé)

Trata-se da construção de pilares de tijolo a uma altura de 14 metros do solo, com ranhuras nas quais são fixadas caixas de madeira para o empilhamento de sacos de cereais alimentares. A estrutura pode ser fabricada em menos de 3 semanas. Trata-se de uma forma económica de armazenamento em grande escala.

> Armazenamento de produtos químicos

Trata-se da utilização de alguns produtos químicos menos tóxicos, como os conservantes, para manter o produto alimentar em bom estado, de modo a que possa ser conservado durante um determinado período de tempo. O produto é protegido contra perdas quantitativas e qualitativas através da utilização dos métodos de conservação necessários.

> **Utilização de armazéns**

Os armazéns são grandes casas ou pavilhões que possuem estruturas de armazenamento. São especialmente construídos para a proteção da quantidade e da qualidade dos produtos agrícolas transformados.

Financiamento

Os armazéns satisfazem as necessidades financeiras da pessoa que armazena o produto. Os bancos nacionalizados concedem créditos sobre a garantia do recibo de armazém emitido para os produtos armazenados até ao limite de 75 a 80% do seu valor.

POR QUE RAZÃO UTILIZAMOS UM ARMAZÉM PARA ARMAZENAR OS NOSSOS PRODUTOS AGRÍCOLAS

> **Estabilização do preço**

Os armazéns contribuem para a estabilização dos preços dos produtos agrícolas, controlando a tendência dos agricultores para efectuarem vendas após a colheita.

> **Concessão de financiamento**

O armazenamento cria uma força de financiamento para os indivíduos que armazenam o produto. Os bancos nacionalizados concederam crédito com base no recibo de armazém emitido para os produtos armazenados, até ao limite de 75 a 80% do seu valor. Em suma, estas medidas têm a possibilidade de criar um apoio financeiro tangível para os comerciantes e os agricultores, mesmo durante a época baixa e a fome.

> **Inteligência de mercado**

Os armazéns oferecem também a possibilidade de informação sobre o mercado às pessoas que neles guardam os seus produtos.

CRIAÇÃO DE UM ARMAZÉM

O armazenamento serve muitos objectivos. Por isso, a sua criação é orientada:

- Por leis - os armazéns trabalham ao abrigo das respectivas leis de armazenagem aprovadas pelo governo central ou estatal
- Por elegibilidade - qualquer pessoa pode armazenar mercadorias notificadas num armazém, desde que aceite pagar os encargos especificados.
- Por recibo de armazém (warrant) - trata-se de um warrant/recibo emitido pelo gestor/proprietário do armazém à pessoa que armazena os seus produtos no mesmo.
- Utilização de produtos químicos - os produtos aceites no entreposto são conservados cientificamente e protegidos contra roedores, insectos, pragas e outras infestações.
- Financiamento - o recibo de armazém serve de garantia para efeitos de obtenção de crédito

- Entrega dos produtos - o recibo de armazém deve ser entregue ao proprietário do armazém antes da retirada das mercadorias.

> <u>Tipos de armazém</u>

Com base na propriedade

> Armazém privado
> Armazém público
> Armazém alfandegado

Com base no tipo de mercadoria armazenada

> Armazém geral
> Armazém especial de mercadorias
> Armazém frigorífico

MÉTODOS DE ARMAZENAMENTO

a) **<u>Sistemas tradicionais de secagem/armazenamento</u>**

Muitos agricultores continuam a armazenar os seus produtos no local de secagem. Muitas vezes, a raiz ou o beiral ainda estão cheios de milho, mesmo depois de o produto ter secado. Estas práticas não são técnicas correctas de armazenamento de cereais. Para secar os cereais é necessário ar quente e seco em movimento. Contudo, já vimos que os cereais armazenados devem estar frescos e não quentes. Além disso, se o ar de secagem puder passar à volta dos grãos de cereal, então os insectos e os ratos também podem entrar. Por conseguinte, é melhor transferir os grãos de cereal limpos e secos para um lugar fresco e seco onde os ratos e os insectos não possam seguir. É agora altura de examinar alguns modelos de armazenamento de cereais que foram recomendados para os agricultores tropicais.

b) **<u>Secagem de berços</u>**

Muitos livros de agricultura referem que o berço de secagem também pode ser utilizado como celeiro de armazenamento. Contudo, é demasiado perigoso deixar os cereais expostos a insectos, pássaros e outras pragas. Depois de o grão estar seco, deve ser transferido para um local de armazenamento melhor.

c) **<u>Armazenamento de sacos</u>**

Trata-se de uma forma de armazenamento muito popular. O transporte dos cereais é efectuado no mesmo saco de juta, os sacos são fáceis de manusear e o saco de juta permite armazenar diferentes cereais no mesmo local. Devem ser respeitados os seguintes princípios:

- O local de armazenamento deve estar limpo e livre de todos os insectos. Os buracos devem ser reparados.

- Todos os sacos velhos devem ser lavados, sacudidos e colocados ao sol para secar, a fim de afastar os insectos que ainda se encontram no saco.

- Os sacos de produtos hortícolas devem ser empilhados ordenadamente em prateleiras de madeira, denominadas "dunnages", afastadas das paredes e do chão. Os sacos de cereais nunca devem ser colocados no chão ou encostados à parede (ver figura abaixo). A água do chão e do solo pode entrar nos sacos e provocar a sua deterioração.

- Os sacos devem ser controlados regularmente para detetar eventuais problemas.

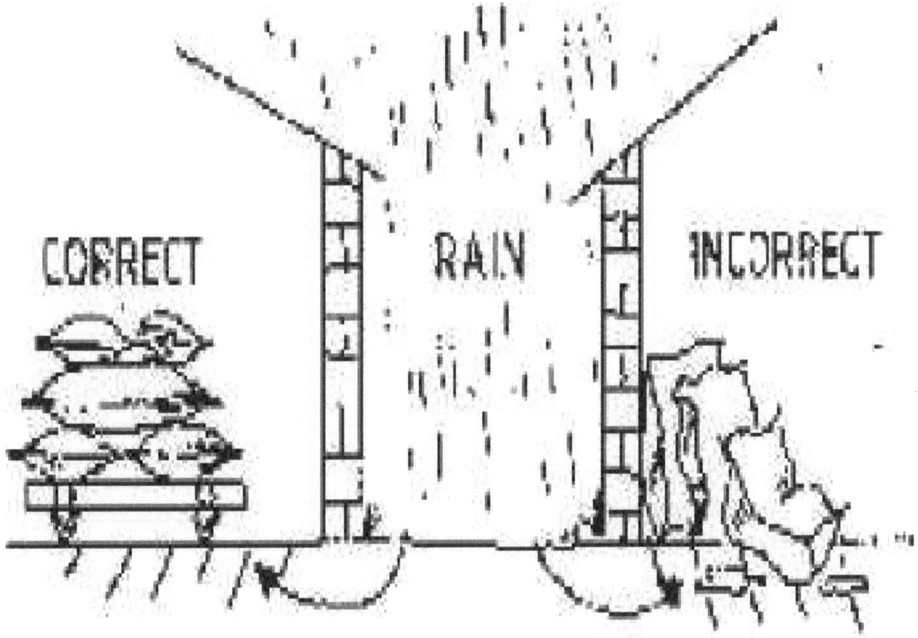

Fig. 1.2. Os sacos nunca devem ser colocados diretamente no chão ou contra as paredes

A principal desvantagem da armazenagem em sacos de juta é que o saco não oferece proteção contra o ataque de ratos ou insectos. Devem ser tomadas outras medidas para controlar estas pragas.

d) **Caixas de bambu**

A caixa é construída inteiramente com varas de bambu de ráfia e corda de bambu (ver a figura abaixo). O chão da caixa é levantado do solo para que a água não possa subir do solo e entrar na caixa. A parte inferior das paredes é frequentemente coberta com terra de lama para desencorajar os ratos. A caixa tem um telhado de zinco/grama ou é colocada debaixo do beiral da casa para manter a chuva fora da caixa.

Fig 1.3. Caixa de bambu

Depois de o grão estar bem seco e limpo, é colocado na caixa e uma cobertura de bambu bem apertada fecha a caixa. Uma caixa média tem um metro de comprimento, um metro de altura e um metro de largura - pode conter mais de 300 quilos de milho em espiga. Uma caixa bem construída pode durar mais de 5 anos (Google e-book, 2001).

Uma vez bem fechada, os insectos e os ratos não podem entrar na caixa. No entanto, os grãos devem ser controlados regularmente para verificar se há um aumento da população de insectos "devido aos ovos e insectos que foram transportados com o milho do local de secagem. O interior da caixa é seco, fresco e escuro. A caixa deve ser bem limpa no início e no fim de cada período de armazenamento. Pode-se utilizar inseticida com este método de armazenamento.

e) <u>**Tambores (armazenamento hermético)**</u>

Um método muito bom, mas mais caro, é utilizar bidões de óleo velhos. Os bidões devem ser bem limpos. Todos os buracos devem ser reparados e selados corretamente com terra.

Só se pode colocar no interior do tambor o grão muito seco; se estiver demasiado húmido, a humidade não pode sair e o grão pode estragar-se. Quando o grão seco estiver no interior, a boca do tambor deve ser fechada com cera ou gordura para impedir a entrada de ar. Em breve, os insectos que se encontram no interior do tambor deixarão de respirar e morrerão, pois todo o ar terá acabado. Deve-se ter o cuidado de assegurar que o tambor esteja bem fechado.

Finalmente, é também muito importante manter o tambor fora do sol, num lugar fresco. Caso contrário, o sol quente que bate no tambor de metal fará com que o grão fique muito quente. O grão suará e respirará mais depressa. Isto também pode provocar a deterioração. Por conseguinte, o tambor deve ser sempre guardado debaixo de um abrigo. Um bidão de óleo pode conter quase 300 quilos de milho.

f) **Outros**

Também se podem utilizar cestos, latas e cabaças vazias para armazenar os cereais. Basta garantir que os grãos e os recipientes estão limpos e livres de insectos. Mantenha o recipiente num local limpo, fresco e seco.

Os cestos, as latas e as cabaças são pequenos e são ideais para o armazenamento de sementes. Contudo, para grandes quantidades de cereais, são necessários recipientes maiores.

Fig 1.4. Os tambores de metal devem ser colocados ao abrigo do sol. Os locais de armazenamento adequados são frescos, secos e escuros.

ARMAZENAMENTO DE TUBOS

Há tantos tipos diferentes de armazenamento de tubérculos que são usados localmente em toda a África que seria impossível falar sobre todos eles. Apresentam-se aqui três métodos que são bastante comuns. A maior parte dos outros armazenamentos utilizam os mesmos princípios.

a) **O Yam Bam**

Esta loja é um pequeno edifício simples com um telhado de colmo: os telhados de zinco são por vezes demasiado quentes. As paredes podem ser de qualquer tipo de construção: tábuas de madeira, bambu, etc. As paredes de blocos de barro ou de lama são preferíveis porque mantêm o interior do celeiro muito mais fresco. O chão deve ser elevado do solo cerca de 30 cm. Isto permite que o ar passe através de todo o celeiro. O chão pode ser feito de bambu ou de madeira.

Devem existir pequenos espaços nas paredes ou sob os beirais para permitir a livre circulação do ar no estábulo. Os tubérculos são geralmente espalhados uniformemente no chão. Deve-se ter o cuidado de encher o celeiro com cuidado para não danificar os tubérculos.

Um método melhorado, utilizando o mesmo armazém, consiste em construir estantes ou prateleiras de bambu ao longo das paredes do armazém. Os tubérculos são então colocados nas prateleiras. As estantes ou prateleiras devem ser construídas a intervalos de 60 cm (2 pés) ao longo do lado de cada parede. Desta forma, cada parede terá cerca de quatro prateleiras ligadas a ela, todas espaçadas a 60 cm uma da outra.

Os inhames, os cocoyams e as batatas armazenam-se bem desta forma. Os tubérculos não ficam empilhados uns em cima dos outros. Não estariam a tocar-se uns aos outros. As doenças não se podem propagar. A sala é fresca e seca e o sol não pode entrar. Além disso, o ar pode passar à volta dos tubérculos para os manter frescos. Os tubérculos podem ser facilmente inspeccionados para detetar problemas de insectos ou doenças, uma vez que não estão empilhados uns em cima dos outros. O celeiro pode ser fechado à noite para desencorajar os ladrões.

b) **Pinças ou fossos de tubérculos**

Este método é utilizado sobretudo para as batatas. Não parece ser tão bem sucedido com inhames.

Cava-se um buraco pouco profundo num local fresco e à sombra. O buraco é depois forrado com areia. Em seguida, coloca-se erva, folhas e paus sobre a areia. Os tubérculos são, então, cuidadosamente colocados no buraco e cobertos com cinzas ou areia. A erva e as folhas de bananeira são, então, colocadas sobre o buraco cheio. Constrói-se um pequeno abrigo sol/chuva de bambu e colmo sobre a pinça. Deve-se assegurar que a drenagem seja boa para que a água não encha a cova e estrague os tubérculos.

Este método mantém os tubérculos frescos, secos e escuros. Contudo, não há ventilação. Se houver aquecimento, o calor não pode sair. Em vez disso, acumula-se no interior da cova e pode provocar a sua deterioração. Também é difícil inspecionar os tubérculos para detetar problemas de armazenamento. As térmitas podem incomodar a cova se forem um problema na sua região. As cinzas de madeira por vezes desencorajam-nas.

c) **Caixa ou cesto de arrumação**

Os tubérculos, especialmente a batata, podem ser cuidadosamente embalados em cestos ou caixas e depois armazenados num local fresco e seco da casa. Por vezes é bom embalar os tubérculos com aparas de madeira, areia ou cinzas de madeira. Isto não só amortece os tubérculos, mas também impede a propagação de doenças causadas por fungos.

Certifique-se de que a caixa tem alguns buracos para que o ar possa circular. Um cesto deve ter uma trama solta. A maior dificuldade reside no facto de os tubérculos não poderem ser facilmente inspeccionados. A área é pequena, não cabem muitos tubérculos numa caixa ou num cesto.

Capítulo 5

BOA CAPACIDADE DE ARMAZENAMENTO

- ❖ Qualquer sistema de armazenamento deve ser fácil de manter e gerir.
- ❖ Uma boa armazenagem deve ser protegida da humidade e de correntes de ar excessivas.
- ❖ Um bom sistema de armazenagem deve permitir o livre acesso em termos de controlo regular do estado do produto.
- ❖ Todos os produtos agrícolas armazenados devem ser protegidos contra pragas, roedores e aves, mediante uma higiene e manutenção adequadas da armazenagem.
- ❖ O método e as instalações de armazenagem devem facilitar as operações de carga e descarga, uma vez que o

  necessidade surge. O objetivo é criar acessibilidade para o produto.
- ❖ Para uma armazenagem a longo prazo, como no caso dos cereais, devem ser tomadas medidas adequadas para garantir que as estruturas sejam corretamente construídas e geridas.

PRINCIPAL OBJECTIVO/IMPORTÂNCIA DA ARMAZENAGEM AGRÍCOLA

O objetivo de qualquer instalação de armazenamento é proporcionar condições de armazenamento seguras para o produto em questão, a fim de evitar perdas que possam ser causadas por condições climáticas adversas, teor de humidade, roedores, aves, insectos e microrganismos como fungos, bactérias e bolores. Assim sendo:

- ❖ Armazenamento de produtos alimentares vegetais e animais colhidos e transformados para distribuição aos consumidores
- ❖ Permitir uma alimentação mais equilibrada ao longo do ano
- ❖ Reduzir o desperdício na cozinha, conservando os alimentos não utilizados ou não consumidos para utilização posterior
- ❖ Preservar alimentos de despensa, como especiarias ou ingredientes secos como arroz e farinha, para eventual utilização na cozinha
- ❖ Preparação para catástrofes, emergências e períodos de escassez alimentar ou fome
- ❖ Razões religiosas (exemplo: os líderes da Igreja SUD dão instruções aos membros da igreja para armazenarem alimentos)
- ❖ Proteção contra animais ou roubo
- ❖ A armazenagem protege a qualidade dos produtos perecíveis e semi-perecíveis contra a deterioração.
- ❖ Contribui para a estabilização dos preços através do ajustamento da procura e da oferta.
- ❖ O armazenamento proporciona emprego e rendimento através da vantagem do preço.
- ❖ O armazenamento é necessário durante algum tempo para o desempenho de outras funções de marketing.
- ❖ A armazenagem de mercadorias, portanto, desde o momento da produção até ao momento do consumo,

assegura um fluxo contínuo de mercadorias no mercado.

PROBLEMAS RELACIONADOS COM AS INSTALAÇÕES DE ARMAZENAGEM E DE TRANSFORMAÇÃO

Durante o armazenamento, devem ser tomadas precauções com base nos seguintes pontos:

a. **Manutenção deficiente -** O equipamento e as instalações **de armazenamento** devem ser mantidos através do acesso regular às suas partes e à sua natureza de funcionamento.

b. **Necessidade de produtos/cultivos - Uma vez que** cada cultivo tem um método ou uma temperatura de armazenamento específicos, devem ser tomadas precauções para os manter corretamente armazenados.

c. O pessoal **com competências técnicas** deve ser contratado para operar máquinas e equipamentos, de modo a satisfazer as necessidades de cada máquina e as suas operações de trabalho.

d. **Fornecimento inadequado de energia eléctrica -** As culturas **perecíveis**, como o tomate, o pimento, etc., necessitam de um fornecimento contínuo de energia eléctrica para se manterem seguras e aptas para o consumo humano, pelo que devem ser envidados esforços para disponibilizar energia eléctrica nas explorações agrícolas para satisfazer este requisito

e. **Inadequação/falta de peças sobresselentes - algumas** instalações de armazenagem podem ser tão complexas que, em caso de avaria, as suas peças podem ser tão caras ou difíceis de substituir, criando assim um espaço para falhas de armazenagem.

f. **Comercialização -** é essencial comercializar os produtos alimentares armazenados após a armazenagem, o que promove a higiene e protege os produtos da deterioração, uma vez que a armazenagem excessiva pode dar lugar ao ataque de pragas e doenças.

PROJECTO REALIZADO NO ÂMBITO DO INQUÉRITO

Durante o estudo deste inquérito, foram realizados os seguintes projectos

1. CONSTRUÇÃO DE UM REFRIGERADOR EVAPORATIVO LOCAL

Introdução

Dado que as perdas pós-colheita continuam a ser uma questão importante para os agricultores, a falta de eletricidade e a pobreza na Nigéria, a transformação de produtos agrícolas perecíveis torna-se um grande problema.

À medida que a população aumenta, há necessidade de aumentar a produção de alimentos sem grande esforço na forma como o que foi produzido em excesso é armazenado.

Os refrigeradores evaporativos construídos localmente não são muito caros de produzir e podem ser utilizados para a conservação de produtos hortícolas.

ARREFECIMENTO EVAPORATIVO

Quando a água se evapora da superfície de um corpo, essa superfície torna-se muito mais fria porque é necessário calor para transformar o líquido em vapor. O arrefecimento evaporativo funciona, portanto, através da evaporação da água em vapor de ar. O efeito de arrefecimento que se sente quando se sai de uma piscina e uma brisa sopra sobre o corpo ilustra bem este princípio (arrefecimento evaporativo). Quanto maior for a humidade presente no ar, menor será o efeito de arrefecimento porque menor será a evaporação da água. Além disso, quanto menor for a humidade presente no ar, maior será o efeito de arrefecimento porque maior será a evaporação da água da superfície do corpo (Liberty *et al.*, 2013)

Materiais e métodos

Construção do higrómetro: - Foram construídos 2 higrómetros.

<u>**Materiais**</u>

- Dois (2) termómetros para cada higrómetro

- Contraplacado, madeira dura, pavio e garrafa.

<u>**Procedimento**</u>

- Corte a madeira em 30 x 5 cm

- Cortar 2 contraplacados e cobrir um dos lados

- Efetuar 2 furos nas partes superior e inferior do higrómetro

- O orifício deve estar a 1 cm de distância

- Pregar 2 tábuas de cada lado da madeira, de modo a que a madeira com furos fique em primeiro e segundo lugar, seguida da madeira sem furos.

- Introduzir 2 termómetros nos orifícios e fazer com que um dos termómetros seja de bolbo húmido, fixando um pavio no bolbo e introduzindo o pavio na garrafa que contém água.

- Colocar um higrómetro no carrinho e o outro no exterior da geleira para registar as temperaturas ambientes (lâmpadas secas e húmidas).

Figura 3: Higrómetro construído localmente

CONSTRUÇÃO DO ARREFECEDOR EVAPORATIVO

Materiais:- saco de juta, carrinho, higrómetro e balança.

Procedimentos

Mergulhar o saco de juta em água limpa e limpar o excesso de água

- Envolver o saco de juta à volta do carrinho de modo a que nenhuma parte fique exposta.
- Colocar legumes acabados de colher e pesados (100 g) na segunda câmara do refrigerador. Os legumes são abóbora canelada, folha de água e ovo de jardim (planta de ovo).
- Além disso, coloque um higrómetro na segunda câmara do refrigerador.
- Por fim, coloque todo o arranjo na estufa.

Figura 3: Refrigerador evaporativo construído localmente para armazenamento de produtos agrícolas

Resultados e discussão

As leituras devem ser feitas e registadas durante 7 dias e o resumo deve ser feito em tabelas. Os legumes devem ser pesados diariamente às 6h e às 18h, enquanto as temperaturas de bolbo húmido e seco devem ser medidas de 2 em 2 horas, das 6h às 18h.

A partir da tabela, o peso dos vegetais pode ser reduzido, mas os mantidos em condições ambientais podem ser reduzidos consideravelmente em comparação com o peso dos vegetais armazenados em condições mais frias, o que mostra a eficácia do refrigerador evaporativo na preservação de vegetais em comparação com a condição ambiente.

Conclusão/Recomendação

O refrigerador evaporativo construído localmente provou ser eficiente ou eficaz na preservação de produtos agrícolas frescos, como vegetais, até 7 dias sem se estragarem.

Por conseguinte, recomendo que se utilize um refrigerador construído localmente para a conservação de produtos agrícolas frescos, como os produtos hortícolas, uma vez que pode ser conservado durante dias e também é fácil e barato de construir e o custo de manutenção é baixo.

2. TRANSFORMAÇÃO E PRODUTOS DE MANDIOCA

Materiais e método

> **Faca de cozinha:** A faca foi utilizada para retirar a pele da mandioca
> **Bacia:** É utilizada para colocar a mandioca descascada
> **Água:** Para lavar a mandioca
> **Moinho de martelos**: Utilizado para triturar a mandioca em partículas minúsculas
> **Sacos de saco**: Após a moagem, o produto é colocado num saco
> **Prensa manual de parafuso**: É utilizada para comprimir a mandioca moída para retirar a água, de modo a que possa fermentar.
> **Peneira**: Utilizada para separar o veio do produto principal destinado à fritura.

> **Bacias**: Após a separação, o produto é colocado numa bacia
> **Tapete**: Utilizado para colocar o produto
> **Vara de virar**: Utilizado para virar o produto quando está a arder para evitar que se queime
> **Tacho de fritar**: Utilizada para fritar o garri
> **Lenha**: Para o exaustor
> **Intestino**: para colocar o garri frito
> **Óleo de palma**: Adicionado ao garri cozido para obter a cor necessária
> **Combustível/motor**: O combustível é colocado num motor para gerar energia se o processo for mecânico.

Resultados e discussão

> O calor necessário para a transformação da mandioca é moderado. Um calor elevado pode provocar a queima do produto e levar ao seu desperdício.
> A fermentação deve ser efectuada corretamente para evitar a contaminação do produto com ácido hidrocinídrico.
> O trabalho árduo envolvido no processamento manual pode ser reduzido através da utilização de máquinas e equipamentos mais mecanizados
> A mandioca pode ser transformada em muitos produtos úteis, pelo que é aconselhável ter cuidado durante a transformação do produto.

Conclusão/Recomendação

> A transformação do garri é uma das ajudas para a segurança alimentar global, pelo que o garri deve ser produzido, uma vez que o custo da transformação é acessível ao bolso.
> Por conseguinte, recomendo a transformação local da mandioca em garri, uma vez que os procedimentos envolvem uma forma direta e simples e fácil de seguir

3.   **TRANSFORMAÇÃO E PRODUTOS DO ARROZ**

Materiais e métodos

❖ **Debulhadora manual**: A debulhadora debulha o arroz imediatamente após a sua secagem ao sol.

❖ **Tambor de cozedura**: o fogo é aceso debaixo dele para cozer o arroz

❖ **Baldes**: Os baldes são utilizados para colocar o arroz depois de o retirar da fonte de calor.

❖ **Galões**: Os galões são utilizados para obter água para encher o tambor com água para posterior cozedura.

❖ **Lenha**: A lenha é utilizada para gerar calor para o arroz, de modo a que este coza adequadamente.

❖ **Alqueire**: Um alqueire no processamento de arroz tem uma dupla função. Em primeiro lugar, serve de recipiente para o enchimento do arroz a ser moído. Em segundo lugar, serve como meio de medição e venda do arroz.

❖ **Bacias**: Utilizadas para obter água ou para colocar arroz parboilizado

❖ **Descascadores**: Utilizadas para descascar (moer) o arroz

❖ **Água**: a água é muito essencial durante o processamento do arroz, porque ajuda a reduzir a maciez do arroz e torna-o forte para a moagem.

❖ **Tapete**: O tapete é utilizado para secar o arroz ao sol antes da moagem, sendo também utilizado para colocar o arroz moído ou as vendas.

❖ **Ancinhos**: Os ancinhos são utilizados para virar o arroz seco ao sol, a fim de assegurar uma secagem correcta.

❖ **Vassoura**: A vassoura é utilizada para juntar os grãos de arroz

❖ **Máquina de polir**: esta máquina dá ao arroz um aspeto agradável, polindo-o imediatamente após a moagem.

  ❖ **Sacos de saco**: Os sacos são utilizados para ensacar o arroz após a moagem. Os sacos de saco também podem ser utilizados para ensacar arroz em casca após a parboilização.

  ❖ **Gasóleo/motor**: O gasóleo é utilizado para acionar uma fresadora de modo a fornecer energia para o processo de fresagem

  ❖ **Virador de intestino**: É utilizado para virar o arroz durante a preparação para a cozedura.

Resultados e discussão

> É necessária energia para moer um arroz parboilizado. A potência necessária pode ser de 250 volts ou 350 volts, consoante o tipo de máquina utilizada.

> Desde a debulha até à moagem é necessário um cuidado extremo, pelo que a forma de cozer o arroz confere-lhe um aspeto agradável.

> Durante a secagem, é essencial que se proceda a uma viragem adequada para que o produto possa morrer uniformemente.

> O arroz pode ser transformado em muitos produtos agrícolas de consumo, como a cerveja da fábrica de cerveja

Conclusão/Recomendação

> A transformação do arroz é uma das ajudas à segurança alimentar mundial.

> O arroz é muito consumido em todo o mundo, pelo que a sua produção é vital para a existência humana. Por conseguinte, recomendo que o processamento do arroz seja apoiado por muitos e que sejam utilizadas máquinas modernas para evitar o trabalho árduo

4.   TRANSFORMAÇÃO E PRODUÇÃO DE ÓLEO DE PALMA

Materiais utilizados para o processamento da palma de óleo

Vapor esterilizado: Após a colheita, o cacho de palma é colocado em vapor para evitar que o fruto se desprenda do cacho.

> **Machado**: o machado também pode ser utilizado para retirar os frutos do cacho, cortando-o em pedaços

> **Faca de corte**: A faca de corte também é utilizada para retirar os frutos do cacho

> **Cesto**: A fruta pode ser colocada no cesto pronta para ser cozida.

> **Tambor de cozedura**: O tambor é utilizado para cozer a fruta, sendo colocada uma certa quantidade de água no tambor com a fruta no seu interior.

> **Água**: A água é essencial, utilizamos água para cozer a fruta

> **Digestor**: Imediatamente após a cozedura, o fruto é colocado no digestor para ser triturado

> **Moleiro**: o fruto é transferido para um moleiro para ser moído

> **Prensa manual de parafuso**: Utilizada manualmente para comprimir o material já triturado para recolha de água e óleo

> **Prensa manual**: A prensa manual também é utilizada manualmente para prensar os materiais triturados

> **Filtro**: A filtragem é essencial para a fritura e a conservação

> **Galões:** Os óleos são armazenados em galões ou em tambores

> **Bacias**: alguns resíduos de óleo deixados são colocados numa bacia para processamento posterior ou para a formulação de sabão de soda.

Resultados e discussão

> Também é necessária energia para moer um óleo de água em óleo de acabamento. A potência necessária pode ser de 250 volts ou 350 volts, dependendo do tipo de máquina utilizada para a produção de energia.

> Desde a seleção até à fervura, é necessário ter cuidado para permitir a produção de azeite de qualidade.

> A fritura é efectuada para prolongar o prazo de validade do óleo e impedir a entrada de micróbios.

> A produção de óleo de palma é um dos principais produtos agrícolas, pelo que a sua transformação é de grande importância para o homem e para as suas indústrias.

> O fruto da palmeira pode ser transformado em muitos outros produtos, como óleo de amêndoa,

sabão, detergente, etc. Por conseguinte, é necessário ter cuidado para garantir que a sua transformação seja segura e orientada.

Quadro 1: Estudo prático efectuado no moinho de arroz

S/N	*NOME DA UNIDADE*	*TIPOS DE MÁQUINA E CAPACIDADE*	*Q TY DE ARROZ MOINHO PER DIA*	*NÃO DE TRABALHADOR POR UNIDADE*		*NÍVEL DE EDUCAÇÃO DE TRABALHADORES*			*FONTE OF RENDIMENTO ANTES ESTABLISHMENT*	*PROBLEMAS E SOLUÇÕES*	*HOMEM/HOUR REQUISITO MENTO PARA DIÁRIO TRITURAÇÃO*
				SKILL	*UNS MATAR*	*D*	*C**	*IFE*			
1.	Bob Loko Moinho de arroz	Máquina de picar. Utiliza 250 Volts de potência	1500 alqueires, dependendo do quantidade de produto para moagem num dia.	2	1	1	1	1	Empréstimo agrícola do governo federal	Falta de trabalhador, empréstimo do Governo, fornecimento de máquinas mais modernas	32
2.	Obina	Pedra negra e moinhos	Transportador 2000. Utilizações 230 Volt de potência	3 alqueires. Isto depende também do arroz disponível no lagar	1	0	3	1	Pessoal poupança e família apoio	"Apelamos para empréstimo do governo, para podermos comprar mais equipamento e uma fresadora moderna"	41

S/N	NOME DA UNIDADE	TIPOS DE MÁQUINA E CAPACIDADE	QUANTIDADE DE MOINHO DE ARROZ PER DIA	SKILL	ONU SKILL	D	C	IFE	FONTE DE RENDIMENTOS ANTES ESTABLISHMENT	PROBLEMAS E SOLUTIONS	MAN/H NOSSOS REQUISITOS
3.	Arroz Oba Moinhos	Máquina HR. Utiliza 300 Volt de potência.	4000 bushels. Isto depende da estação do ano e da disponibilidade do cliente.	6	1	1	3	2	Empréstimo agrícola por estado Governo da Abia Estado.	" Falta de eletricidade, de água, insegurança dos nossos bens. Precisamos de mais equipamento".	48
	TOTAL			11	3	2	7	4			121 MHR

N/B; D = Diploma, C* = Certificado/Faculdade, IFE = Educação informal.

Quadro 2: Estudo prático efectuado na fábrica de óleo de palma

S/N	NOME DA UNIDADE	TIPOS DE MÁQUINA E CAPACIDADE Y	QUANTIDADE DE MOINHO DE ARROZ PER DIA	NÃO DE TRABALHADOR POR UNIDADE		NÍVEL DE EDUCAÇÃO DE TRABALHADORES			FONTE DE RENDIMENTOS ANTES ESTABLISHMENT	PROBLEMAS E SOLUTIONS	MAN/H NOSSOS REQUISITOS EMENTA PARA DIÁRIO MILLING
				SKILL	ONU SKILL	D	C	IFE			
1.	Óleo de Oba Moinhos, Ofatura.	Goyum Parafuso Imprensa. Ligado para elétrico motor que utiliza 250 Volt de potência	10 barris de petróleo num dia. "Isso depende do número de frutos que colhermos".	3	0	0	3	0	"Empréstimo semi-industrial do Microfinance Bank, Estado de Abia.	"Precisamos de água e mais equipamento" Empréstimo governamental.	42

2.	João Ubong Moinhos	Prensa/moinho compacto, ligado a um motor diesel que consome 200 volts de potência	5-8 tambores num dia. Isto depende da colheita ou do cliente que Trazer palmas para moagem.	2	1	0	2	1	Poupanças pessoais e apoio de familiares e amigos.	"Precisamos de mais máquina para podermos extrair mais petróleo" Governo t deve fornecer máquinas.	39
3.	Obong-Óleo de Ette Moinho, Ofatura	HR oil digestor/miller automático. A máquina utiliza 300 Volt de potência	11-15 tambores por dia. "Os meus 15 bidões por dia são apenas quando há luz NEPA"	4	1	1	2	1	"Programa agrícola de Cross River Empréstimo para jovens empresários e apoio familiar.	" Gostaria que o Governo me fornecesse água e me concedesse mais empréstimos para poder comprar mais equipamento e preciso de energia eléctrica estável para gerir este negócio eficazmente. "	51
	TOTAL			9	2	1	7	2			*132 MHR*

FASES DE PROCESSAMENTO NO MOINHO DE ARROZ E ÓLEO

Trata-se de uma série de processos envolvidos na transformação de alguns produtos agrícolas como o arroz e o óleo de palma. Este estudo foi efectuado na Comunidade de Ofudua (moagem de arroz) e na Comunidade de Ofatura (moagem de óleo) na Área de Governo Local de Obubra.

fluxograma da transformação do arroz arroz *(Oryza sativa)*

(Colher, secar ao sol em seguida) **start** > **THRESHING**

Trata-se do processo que consiste em separar a parte comestível do grão de cereal (ou de outra cultura) da palha escamosa e não comestível que o envolve. A ceifa era efectuada manualmente, com a ajuda de uma manivela.

JANELA

É o ato de separar o grão da palha, do talo. Este processo ajuda a remover o gorgulho ou outras pragas do grão.

PARBOILIZAÇÃO

Trata-se da cozedura parcial do arroz como primeira etapa do processo de cozedura. Isto é feito com a utilização de um tambor de cozedura. O objetivo é reduzir a quebra do manto e do arroz durante a moagem.

HULLING

É a remoção da casca do grão.

EBULIÇÃO

É a vaporização rápida de um líquido que ocorre quando um líquido é aquecido até ao seu ponto de ebulição.

SECAGEM AO SOL

Trata-se do processo de secagem do arroz cozido durante cerca de 8 a 10 horas, a fim de o preparar para o polimento e a transformação

OLISHING

Este processo implica a utilização de máquinas especialmente concebidas para remover as cascas e outras camadas que cobrem os grãos. O polimento implica a remoção da marca do arroz, que é muito proteica e rica em vitaminas.

EMBALAGEM

A embalagem é a ciência, arte e tecnologia de encerrar ou proteger produtos para armazenamento, distribuição, venda e utilização. Isto era feito com alqueire industrial, bacia e sacos.

Fim ⟶ STORAGE

Trata-se de uma empresa comercial de armazenagem de bens e materiais armazenados em armazéns

FLUXOGRAMA PARA A TRANSFORMAÇÃO DE ÓLEO DE PALMA

PALMEIRA DE ÓLEO *(Elaeis guineensis)*

(Após a colheita) **Início** ---------------> ESTERILIZAÇÃO

A esterilização ajuda a amolecer os frutos, a eliminar os agentes patogénicos e a inibir a ação da enzima lipolítica. Inativa os lapsos e evita a acumulação de ácidos gordos livres (FFA).

FUNÇÕES

- ❖ Amolece o fruto da palmeira de modo a facilitar a remoção do mesocarpo.

- ❖ Ajuda a combater os agentes patogénicos que acompanham a fruta desde o campo até ao lagar.

- ❖ Ajuda a inibir a enzima que se encontra no seu interior (enzima lypolytic)

ESTRIPAGEM

O descortiçamento consiste em retirar os frutos dos cachos esterilizados ou cortados em quartos.

SEPARAÇÃO/TRIAGEM

Este método consiste em separar os frutos da palha, o que é feito manualmente através da apanha manual.

EBULIÇÃO

A cozedura é feita para amolecer o fruto que é o mesocarpo para a digestão.

DIGESTÃO

É o processo de libertação do óleo de palma contido no fruto através da rutura ou decomposição das células de formação.

TRITURAÇÃO

Trata-se da trituração de frutos esterilizados com o objetivo de separar o mesocarpo do miolo (despolpamento). Após a separação, o mesocarpo é triturado até deixar de se distinguir a coloração da epiderme exterior.

PRESSÃO

A massa triturada neste processo é depois carregada numa prensa para a extração do óleo. Existem diferentes tipos de prensas. A prensa manual de parafuso era utilizada manualmente

CLARIFICAÇÃO

O objetivo principal é separar o óleo das impurezas arrastadas. O líquido que sai da prensa é uma mistura de óleo de palma, água, resíduos celulares, materiais fibrosos e sólidos não oleosos. O óleo bruto extraído é clarificado por fervura/desnatação. A utilização de uma prensa manual de parafuso ou de uma prensa hidráulica é mais eficaz.

FUNÇÕES

- ❖ Reduz os ácidos gordos livres (AGL)
- ❖ Determina a qualidade do óleo

EMBALAGEM

A embalagem é a ciência, a arte e a tecnologia de encerrar ou proteger produtos para armazenamento, distribuição, venda e utilização. Foi embalado em borrachas de 25 litros, 20 litros e 10 litros cada, respetivamente.

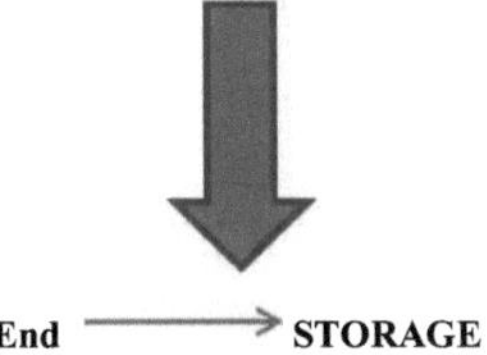

Neste processo, o petróleo assim refinado é armazenado em bidões, camiões-cisterna, latas ou garrafas e está pronto a ser vendido. Tudo armazenado à sua temperatura ambiente adequada colocada num armazém.

PROCEDIMENTO

- ❖ Quanto mais longo for o armazenamento, maior será o aumento de AGL.
- ❖ Quanto mais curta for a armazenagem, menor será o aumento de AGL.
- ❖ Quanto mais baixo for o teor de AGL, mais elevada é a qualidade do óleo.
- ❖ Quanto mais elevado for o teor de AGL. Menor é a qualidade do óleo.

<u>**Alguns benefícios/produtos do óleo de palma**</u>

- ❖ O óleo de palma produz dois óleos distintos, o óleo de palma e o palmiste, ambos importantes no comércio mundial e utilizados na indústria. .
- ❖ Serve para fins medicinais nas indústrias farmacêuticas.
- ❖ O fruto da palmeira contém cerca de 56% de óleo (25% para um cacho de frutos frescos), que é comestível e não contém toxinas.
- ❖ A palma dá o maior rendimento de óleo por unidade de área em comparação com qualquer outra cultura de rendimento ou agrícola.

SISTEMAS DE ESTUFAGEM DE ARROZ

> <u>**Parboilização num só sentido**</u>:

Num método de cozedura único, o arroz é cozido apenas uma vez e moído. Este método de cozedura só deve ser utilizado quando o arroz se destina a um fim específico. Requer uma técnica expiatória para ser bem sucedido.

> <u>**Parboilização em dois sentidos**</u>

Neste caso, o arroz é cozido à noite durante cerca de 1 hora e 30 minutos e, em seguida, o fogo (calor) é retomado. Na manhã seguinte, o calor é aplicado durante cerca de 1 hora antes de se poder proceder à secagem.

SISTEMA DE MOAGEM DE ARROZ

Nos últimos tempos, um sistema de moagem de arroz pode ser um processo simples de uma ou duas etapas, ou um processo de várias etapas:

<u>Um processo de moagem de um passo,</u>

Aqui, a remoção da casca e do farelo é feita numa só passagem e o arroz é moído ou produzido diretamente a partir do arroz em casca.

<u>Um processo em duas etapas,</u>

A remoção da casca e a remoção do farelo são efectuadas separadamente e o arroz integral é produzido como um produto intermédio.

<u>Sistema de moagem de várias fases,</u>

A moagem em várias fases é classificada em moinhos de aldeia e moinhos comerciais. Assim, um processo de moagem ideal resultará nas seguintes fracções 20% de casca, 8-12% de farelo, dependendo do processo de moagem, e 68-72% de arroz branqueado ou arroz branco, dependendo da variedade. O arroz branqueado total contém grãos inteiros, ou arroz de cabeça, e a quebra é limitada.

RICE MILLER

O moinho de arroz tem três (3) câmaras importantes:

- Transportador
- Moedor
- Filtro

<u>Descrição do moleiro</u>

A energia é gerada para o moinho através de algumas máquinas como a máquina de pedra preta. A máquina de moagem tem 2 correias situadas em lados opostos. A **correia do** lado esquerdo, ou seja, a **correia transportadora,** está ligada ao moinho até ao filtro, que ajuda a rodar e a moer o arroz, enquanto a outra correia do lado direito está ligada do moinho ao motor, que gera energia para o moinho efetuar a sua operação.

MÁQUINA DE MOAGEM DE ARROZ

É a fonte de energia do moinho; está ligado a um tubo e é um motor de 2 tempos com uma capacidade de 20 a 30 cavalos de potência. É composto pelos seguintes compartimentos:

<u>Compartimentos de um camião de moagem de arroz</u>

a) Um compartimento ajuda na moagem do arroz
b) Um outro compartimento ajuda a separar as aparas, peneirando-as.

O MOTOR

<u>Tambor do motor</u>: É aqui que o lubrificante repousa, o óleo ajuda a lubrificar todo o sistema e a aumentar a taxa de rotação para evitar o desgaste e a possível avaria do sistema.

<u>Sistemas de arrefecimento</u>: tem dois sistemas ligados, ou seja, um para transportar água do tanque ou tambor para o motor de moagem para o arrefecer durante o funcionamento e outro para reduzir ou remover o calor do motor de moagem durante o funcionamento. O sistema de arrefecimento ajuda a manter o bom funcionamento do motor para evitar avarias e danos.

PORQUE É QUE MOEMOS O ARROZ?

A moagem do arroz é uma etapa crucial e muito importante no processamento do arroz. Os objectivos básicos de um sistema de moagem de arroz consistem em remover as camadas de casca e farelo e produzir um arroz comestível limpo, um grão de arroz branco suficientemente moído e isento de impurezas. Dependendo das exigências do cliente, o arroz deve ter um mínimo de grãos partidos. Mas se for utilizado equipamento moderno e sofisticado, a quebra é muito reduzida.

UTILIZAÇÕES DOS SUBPRODUTOS DO ARROZ

<u>Utilizações da casca de arroz:</u>

> Algumas boas espumas são feitas de casca de arroz
> A casca é utilizada para a preparação de forragens para o gado
> Alguns papéis de cartão de boa qualidade são feitos de casca de arroz
> A casca de arroz é utilizada como material fertilizante, uma vez que é rica em potássio e pobre em elementos nutritivos de fósforo.
> Utilizado como estrume nas explorações agrícolas
> Alguns tapetes, sacos e painéis de partículas são feitos de casca de arroz.

RESULTADOS GERAIS E DISCUSSÃO

Quando produtos agrícolas como frutas e legumes são expostos a altas temperaturas durante a pós-colheita, isso leva à perda de valor e qualidade, portanto, em áreas com baixa tecnologia e baixa renda, como Obubra, onde a pesquisa foi realizada, o resfriamento evaporativo é recomendado. Este ponto de vista está de acordo com os resultados da pesquisa de Liberty *et al.* (2013), cujo relatório apresentou o arrefecimento evaporativo como eficaz para a preservação de produtos agrícolas, e ainda afirmando que o fornecimento epilético de energia e o baixo rendimento dos agricultores nas comunidades rurais são factores que tornam a refrigeração cara e inacessível quando comparada com a tecnologia do arrefecedor evaporativo. Foi relatado que a baixa temperatura é capaz de

reduzindo a taxa de respiração, bem como o crescimento de microrganismos de deterioração (Rouraa *et al.*, 2000; Watada *et al.*, 1996).

A investigação sobre este projeto foi realizada em 17th de outubro de 2014. Desloquei-me a cada centro de transformação de manhã muito cedo para ajudar os proprietários (agricultores) e passei tempo de qualidade com eles, a fim de obter informações e documentação adequadas. Assim;

> A investigação sobre as operações no sector do arroz requer um total de 121 homens/hora, sendo que a mão de obra qualificada é calculada em 11 e 3 para a mão de obra não qualificada.
> O estudo de investigação para as operações de produção de óleo de palma requer um total de 132 horas-homem, sendo 9 de mão de obra qualificada e 2 de mão de obra não qualificada.

<u>Observações dignas de registo:</u>

Durante a realização deste projeto, observei que existem diferentes níveis de mecanização, incluindo a **mecanização de baixo nível e a de alto nível**. Por conseguinte,

O nível de mecanização no estudo do arroz e do óleo de palma é baixo e a maior parte das operações é feita manualmente e o seu nível de mecanização é de cerca de 12% nas áreas visitadas dentro da obubra L.G.A.

O problema reside no facto de o método manual de operações exigir mais horas de trabalho para que o trabalho seja rápido e eficiente e satisfaça as necessidades dos clientes.

CONCLUSÃO/RECOMENDAÇÃO GERAL

À medida que os desafios da insegurança alimentar e das alterações climáticas atingem o globo, é imperativo que se proceda a uma transformação e a um armazenamento agrícolas adequados, uma vez que a necessidade de preservar ainda mais as nossas culturas alimentares é essencial para a existência contínua do homem, do seu gado e das indústrias.

Os produtos agrícolas fornecem matérias-primas para os trabalhadores da indústria, enquanto a indústria, por sua vez, fornece produtos acabados (consumíveis, ferramentas e equipamentos) utilizados na agricultura. Com o baixo nível de mecanização agrícola em Obubra L.G.A., onde as operações agrícolas ainda são feitas manualmente e localmente, enquanto essas operações manuais de cultivo e processamento servem como meio de fornecer alimentos para a economia humana local e ração para o consumo do gado. Assim, torna-se necessário melhorar o nível de mecanização nesta localidade. Com este nível de experiência de trabalho árduo no campo com os agricultores, recomendo vivamente a utilização de equipamento e instalações mecanizadas modernas para a transformação e armazenamento de produtos agrícolas, o que não só facilitará o trabalho como também aumentará a capacidade financeira dos agricultores e reforçará a segurança alimentar global.

O governo federal pode doar máquinas como uma debulhadora moderna, uma máquina de joeirar sementes, incluindo uma fábrica automática de moagem de óleo, para promover as práticas agrícolas nas zonas rurais, como a área da administração local de Obubra do Estado de Cross River, na Nigéria.

REFERÊNCIAS

Adiaha, M. S. (2017). Economia da Produção de Milho *(Zea mays* L.) na Nigéria e Utilização Tradicional do Milho. *Revista Internacional do Mundo Científico.* 5(2), 106-109. Dio:10.14419/ijsw.v5i2.7819.

Google e-book (2001) www.google/ebooks Acedido em 18/02/2015.

Liberty, J. T., Okonkwo, W. I e Echiegu, E. A. (2013). Arrefecimento Evaporativo: Uma Tecnologia Pós-colheita para a Preservação de Frutas e Vegetais. *Revista Internacional de Investigação Científica e de Engenharia,* 4(8), 2257-2266.

Roura, , S.J., Davidovich, L.A. e Valle, C.E.(2000). Perda de qualidade em acelgas minimamente processadas relacionada com a quantidade de áreas danificadas. Lebensmittel Wissenschaft Technol. 33: 53- 59.

Watada, A.E., K.O, N.P. e Minott, D.A. (1996). Factores que afectam a qualidade dos produtos hortícolas frescos. Tecnologia biológica pós-colheita. 9; 115-125.